现代时装画表现技法

编著 王 羿 王群山

TEACHING MATERIAL

LIAONING FINE ARTS PRESS 辽宁美术出版社

图书在版编目（CIP）数据

现代时装画表现技法/ 王弈等编著．－沈阳：辽宁美术
出版社 2007.8（2016.6重印）
ISBN 978-7-5314-3845-8

Ⅰ．现...　Ⅱ．王...　Ⅲ．服装-绘画-技法（美术）
Ⅳ.TS941.28

中国版本图书馆CIP数据核字（2007）第101999号

出　版　者：辽宁美术出版社
地　　　址：沈阳市和平区民族北街29号　邮编：110001
印　刷　者：沈阳绿洲印刷有限公司
发　行　者：辽宁美术出版社
开　　　本：889mm×1194mm　1/16
印　　　张：7.5
字　　　数：40千字
出版时间：2007年8月第1版
印刷时间：2016年6月第8次
责任编辑：光　辉　姚　蔚
封面设计：洪小冬
板式设计：光　辉
责任校对：张亚迪
书　　　号：ISBN 978-7-5314-3845-8
定　　　价：44.00元

邮购部电话：024-23414948
E-mail: lnmscbs@mail.inpgc.com.cn
http://www.lnpgc.com.cn

21世纪全国高职高专美术·艺术设计专业
"十二五"精品课程规划教材

序 >>

当我们把美术院校所进行的美术教育当做当代文化景观的一部分时，就不难发现，美术教育如果也能呈现或继续保持良性发展的话，则非要"约束"和"开放"并行不可。所谓约束，指的是从经典出发再造经典，而不是一味地兼收并蓄；开放，则意味着学习研究所必须具备的眼界和姿态。这看似矛盾的两面，其实一起推动着我们的美术教育向着良性和深入演化发展。这里，我们所说的美术教育其实有两个方面的含义：其一，技能的承袭和创造，这可以说是我国现有的教育体制和教学内容的主要部分；其二，则是建立在美学意义上对所谓艺术人生的把握和度量，在学习艺术的规律性技能的同时获得思维的解放，在思维解放的同时求得空前的创造力。由于众所周知的原因，我们的教育往往以前者为主，这并没有错，只是我们更需要做的一方面是将技能性课程进行系统化、当代化的转换；另一方面需要将艺术思维、设计理念等这些由"虚"而"实"体现艺术教育的精髓的东西，融入我们的日常教学和艺术体验之中。

在本套丛书实施以前，出于对美术教育和学生负责的考虑，我们做了一些调查，从中发现，那些内容简单、资料匮乏的图书与少量新颖但专业却难成系统的图书共同占据了学生的阅读视野。而且有意思的是，同一个教师在同一个专业所上的同一门课中，所选用的教材也是五花八门、良莠不齐，由于教师的教学意图难以通过书面教材得以彻底贯彻，因而直接影响到教学质量。

学生的审美和艺术观还没有成熟，再加上缺少统一的专业教材引导，上述情况就很难避免。正是在这个背景下，我们在坚持遵循中国传统基础教育与内涵和训练好扎实绘画（当然也包括设计摄影）基本功的同时，向国外先进国家学习借鉴科学的并且灵活的教学方法、教学理念以及对专业学科深入而精微的研究态度，辽宁美术出版社同全国各院校组织专家学者和富有教学经验的精英教师联合编撰出版了《21世纪全国高职高专美术·艺术设计专业"十二五"精品课程规划教材》。教材是无度当中的"度"，也是各位专家长年艺术实践和教学经验所凝聚而成的"闪光点"，从这个"点"出发，相信受益者可以到达他们想要抵达的地方。规范性、专业性、前瞻性的教材能起到指路的作用，能使使用者不浪费精力，直取所需要的艺术核心。从这个意义上说，这套教材在国内还是具有填补空白的意义。

21世纪全国高职高专美术·艺术设计专业"十二五"精品课程规划教材编委会

目录 contents

CHAPTER

基本概念

工具准备

时 装 画 的

基 本 概 念

第一章　时装画的基本概念

第一节　基本概念

时装画是体现时代审美的最好见证，它是服装设计师对时尚的理解，是设计师构思、创意、主题、意念的表达，服装画是指通过绘画工具，绘制以表现服装和时尚氛围为主要目的的绘画，可分为服装效果图、时装画、服装结构图、服装速写等。

一、服装效果图

服装效果图不同于时装画和其他人物画，是表达设计者创作构思的一个重要组成部分，是用来捕捉创作灵感的一种方法，也是展现服装外观形式美和服装结构的手段之一。服装效果图既能体现设计者在服装设计中的创作思想，又能表现出服装设计的实际效果，它同时具备时装画的特点，有很强的艺术性并具有功能性和实用性。服装效果图在设计过程中，不仅能准确生动地表现服装的造型、结构、材料质地及色彩，而且能表现服装的流行和风格，同时展现由人体、服装款式、结构、材质所综合产生的和谐与统一的美感。服装效果图通常以较完整的表现来准确地传达设计者的设计思路，使服装工艺人员、管理人员、销

图1-1

售人员等准确领悟设计意图。所以，服装效果图与服装设计有最直接的因果关系。随着服装业的发展，以及服装教育的正规化，服装效果图已成为服装设计领域不可缺少的一个重要组成部分（图1-1～图1-3）。

图1-2

图1-3

二、时装画

时装画在绘画艺术中，作为一种艺术表现形式，虽然具有人物画的某些特征，但是它不同于一般欣赏的人物绘画作品，它具有很强的服装专业的特性，它表现的重点是时尚的美感。时装画的表现方法与其他绘画种类相比更具灵活性，

这就要求设计者必须有丰富的想象力，并区别于常人的角度来表现自己所领悟到的时尚感。在创作过程中，时装画和其他绘画一样充满创作的无穷乐趣。在表现上，时装画的表达形式多种多样，手法各异，还可利用各种工具和材料。作品普遍生动、准确地传达着设计者的意图，使观者通过画面就可以感受到设计者的设

计思想，同时表现了这个时代的服装风貌。时装画的种类很多，用途各异，如：用于广告宣传类的商业时装画、出版读物插图时装画和用于服装设计的时装画等。时装画作为一种独特的绘画形式，从审美和表达的角度把人体和服饰作为一个综合的整体形象表现出来，具有独立的特征（图1-4～图1-8）。

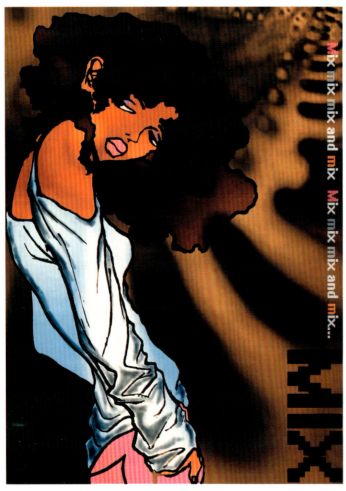

图1-4

图1-5

图 1-6

图 1-7

图 1-8

三、服装结构图

服装结构图即平面图、款式图，是服装效果图的补充说明，是对设计款式更详尽的说明。它是服装样板师制板以及工艺师制定生产工艺的重要依据，是设计师完成设计意图的途径，因此常需配备文字说明，且较常用于服装工艺单，在绘制时必须精确及依照一定的规范。该类结构图通常有两种绘制形式，一种是用粗细均匀的线条对服装结构进行准确勾勒，画面细腻丰富；另外一种则用较粗的线形绘制服装的外轮廓，用较细的线形绘制服装的细节部件，画面更为直观明确。为了保证线条的顺直准确，在绘制时多借助直尺、曲线板和圆规等制图工具。服装设计效果图往往有一些审美上的夸张，结构图的目的是将服装效果图中不清楚的部分，或效果图中不能全面展示的部分，严谨准确地表现出来，是服装设计在成衣生产中最准确的传达方式。服装是一项立体的设计，有了结构图它可以全方位展示服装的整体设计效果，结构图是款式效果图的重要补充部分，它是有效地指导成衣设计生产的重要组成部分（图1—9、图1—10）。

012

图1—9

图1—10

四、服装速写

    服装速写就是运用简练流畅的笔法，迅速捕捉服装设计师的灵感,勾勒出人物与服装的神韵,其表现力生动,常常有大家风范,是时装画的基本功,也常常在一些时尚插画中运用（图1—11、图1—12）。

图 1—11

图 1—12

第二节 工具准备

时装画使用的工具甚多，一般来说，选用常用工具中的某些工具，就足以满足基本绘制要求。对于特殊技法制作的时装画，可以运用一些特殊的工具，如喷笔工具等。时装画的工具大致分为纸类、笔类、颜料类、其他辅助工具。力求所选的工具在最短的时间内绘制表达得非常充分。

一、纸类

纸的类型是多种多样的，其性能不同导致最终画面效果的差异，使用哪种纸更合适呢？我们应尽量尝试各种效果，仔细分析比较，在表现不同的服装质感，运用不同的绘画风格时，应用不同的纸张。

014

1. 水彩纸

最常用的水彩纸单面有凹凸不平的颗粒效果，粗糙的表面在作画时能吸住大量的水分。其纸纹有粗细之分，我们可根据所表现的服装面料肌理效果进行选择。在绘画时如选用凹凸纹理较粗糙的水彩纸时，要注意控制好笔的含水量及含色量，才能更好地表现水彩的润泽效果。

2. 素描纸

由于素描纸质地不够坚实，上色时不宜反复揉擦。画色彩时，由于它吸色性能不太好的原因，应适当将颜色调厚加纯。由于这种纸张不易平展，如用水性颜料，就应将纸张裱在画板上而后作画。

3. 水粉纸

纸纹较粗是介于水彩纸与素描纸之间的效果，有一定的吸水性，易于颜料附着，表现力较为丰富，是绘制时装画最为常用的材质之一。

4. 拷贝纸

可用来拷贝画稿的纸张有两种，一种为拷贝纸，纸张较薄，为透明色，价格便宜；另一种为硫酸纸，纸张较厚，为半透明色，多用于工程制图，也可用来拷贝时装画画稿。在绘画时也可利用透明、半透明正反面结合着色，营造出特殊的表现效果。

5. 宣纸

宣纸可分为生宣、熟宣、皮宣。

生宣纸质地较薄，吸水性能强，适用洇渗效果。

熟宣不易吸水，适用工致笔法的刻画。

皮宣有生宣、熟宣之间的吸水性，可用来表现带有中国画风格的服装效果图。

6. 色粉画纸

质地略粗糙，带有齿粒，适用于色粉附着。色粉纸一般都带有底色，常用的有黑色、深灰色、灰棕色、深土黄色、土绿色等。画时装画时，可巧妙地借用纸张的颜色为背景色，或表现服装的光影效果。

图1-13　作者：李若帆

7. 白报纸

质地较薄，色彩偏黄，吸水性能极差，不适合使用水粉、水彩等以水调和的颜料，只适用于起铅笔草稿或画速写，现在更多使用复印纸。

8. 卡纸

卡纸的正面质地洁白、光滑，有一定的厚度，吸水性能差，不易上色，易出笔痕。高度光滑的纸质更有排斥水分的现象，有时用适量洗洁剂可以克服这种现象。如想要达到色彩均匀的效果不要选择这种纸张。但有时运用卡纸的背面画时装画，其特殊的质地也可表现另类的效果。还有黑卡纸、灰卡纸及其他色卡纸，在时装画中多用于裱画，有时也可利用卡纸的色彩作为背景色。

图1-14　作者：李若帆

图1—15 作者：衡卫民

9. 底纹纸

纸张质地薄，有多种特殊肌理纹样，作画时可巧妙地借用肌理纹样裁剪下来贴入画中。

二、笔类

绘制时装画的画笔有三种作用：起稿、勾线、涂色。

1. 铅笔

铅笔有软硬之分，软质的是B～8B，硬质的是H～12H，铅笔在时装画中多用于起草稿，一般起时装画草稿时常选用软硬适中的HB铅笔，多用HB或2B铅笔。

2. 彩色铅笔（或水溶性彩铅笔）

彩色铅笔有多种颜色，作用和铅笔相同，在时装画中具有独特的表现力。水溶性彩色铅笔，兼有铅笔和水彩笔的功能。着色时有铅笔笔触，晕染后有水彩效果。

3. 绘图笔

0.3、0.6、0.9的针管笔，一般配合使用黑色墨水，适用于勾线以及排列线条，画服装结构图时常用。

4. 蜡笔

蜡笔有多种颜色，有一定的油性，笔触较为粗糙。利用其防染的特点可用于特殊肌理的表现。

5. 毛笔

毛笔有软硬之分，软质的为羊毫，常用的有白云笔（大、中、小），这类笔柔软，适用于涂色面；硬质的为狼毫，有红毛、叶筋、衣纹、须眉等，这类笔锋尖挺，适用于勾线。

6. 排刷

排刷有大、中、小号之分。一般在绘画中使用软质排刷。多为涂大面积的背景或裱画刷水之用。

7. 麦克笔

分水性、油性两种。有多种颜色，色彩种类丰富，但不宜调混，直接使用，因其笔触分明故要求绘画者有较好的基本功，以达到一挥而就。其透明感类似于水彩。彩色水笔有其类似的效果。

8. 色粉笔

以适量的胶或树脂与颜料粉末混合而成。不透明，极具覆盖力。无需调色，直接使用。因为色粉易脱落，故需要喷上适量的定画液或发胶。

9．炭笔

炭笔有炭素笔、炭画笔、炭精条、木炭条。炭素笔的笔芯较硬，炭画笔的笔芯较软。炭笔颜色较一般铅笔浓重，笔触粗细变化范围较大，适合画素描风格的时装画，有时辅助其他工具小面积使用。

10．水粉笔

水粉笔有两种笔毛类型：一是羊毫与狼毫混合型，另一是尼龙型，笔头形分有扇形、扁平形，绘制时装画多用扁平笔头的羊毫与狼毫混合型。

11．水彩笔

水彩笔的笔头形分有圆形、扁平形。

三、颜料类

绘制时装画最为常用的是水粉、水彩。

016

1．水粉

亦称为广告色、宣传色，常见的有锡管装、瓶装。国内常用品牌有马利牌，国外为樱花牌。水粉具有覆盖力强，易于修改的特性。使用水粉颜料要特别注意变色的问题，一般水粉色在潮湿状态下色彩深而鲜明，即将干时更深，但颜色全部干透后，在明度上普遍明显变淡，需要不断实践才能逐渐掌握它的特性。水粉色的表现力非常丰富。

2．水彩

常用水彩颜料：国内常用品牌有马利牌，国外为温莎牛顿。水彩具有透明、覆盖力较弱的特性。水彩适于表达轻盈、飘逸的轻薄面料。由于水彩没有覆盖能力，要求在绘画时要一气呵成，不能反复修改。

四、其他辅助工具

1．橡皮

橡皮有软硬之分。画时装画时多选

图1-16 作者：李岩

用软质橡皮，以便擦涂，不至损伤纸面，利于上色。

2．尺子

时装画绘制时多选用直尺。用于画边框，或用于服装结构图的绘制。

3．笔洗

涮笔之用，一般使用瓶、罐、小桶。

4．调色盒

为存放调色颜料的塑料盒。色格以多而深为好，一般以24格为宜。调色盒备用时需配备一块湿润的海绵（或毛巾布），以防颜料干裂。

5．调色盘

特制的调色盘为塑料浅格圆形盘。

也可用调色盒盖、搪瓷盘等替代。

6．画板

为绘画而特制的木质板。根据画面尺寸可选择大、中、小号。画时装画一般选用中小号。

7．刀子

用于削铅笔和裁纸。

8．喷笔

由气泵和喷枪两部分组成。喷绘时，表现出无笔触、雾状的效果。在时装效果图中，适合于表现细腻的大面积色彩。

9．各种固定纸张的工具

胶水、双面胶带、胶带（透明、不透明）、夹子、图钉等。

中國高等院校
THE CHINESE UNIVERSITY
21世纪高等教育美术专业教材
The Art Material for Higher Education of Twenty-first Century

CHAPTER 2

时装画人体与动态
不同性别、不同年龄人体的形态差异
人体的表现
五官、发型的表现

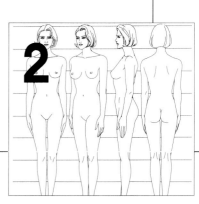

时装画的人体

第二章　时装画的人体

第一节　时装画人体与动态

服装作为一种造型艺术，它是直接把人作为表现要素，围绕着人体这个基本要素，进行一系列的服装材料、色彩、款式及相应的工艺等要素的创造。因此，研究人体，要了解人体的结构、骨骼、肌肉的组织，以及人体的比例关系是服装设计必修的一课。时装设计从某种意义上讲是一种夸张唯美的艺术，平淡则无刺激，少变化则不时髦。在正常的情况下，人体比例是不太令人满意的。在服装设计时，我们也要应用设计的视觉审美原则，将不理想的人体通过"视错"等方法修饰成为理想的着装效果。所以，在绘制时装画时，我们要将生活中最美的人体比例关系展示给大家（图2-1）。通常比较写实的时装画人体比例身高一般以8.5~9头的夸张表现为最多（正常人体为7~8头），目的在于更突出服装，满足视觉上的需求，强调腿的长度。

时装画的基础是要将人体动态画好，透过这优美潇洒的人体动态来烘托自己的时装设计，满足艺术创造的需求，从而得到美的享受。人体的动态将直接影响到服装的设计思想表达，选择含蓄优雅的体态，还是活泼奔放的姿态是根据设

018

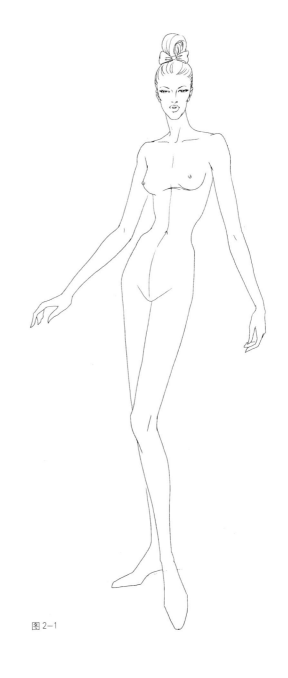

图2-1

计主题来确定，另外，还要根据服装设计的款式，选择能够突出重点设计部位的姿势，其目的在于强烈地表现出服装款式的与众不同。

要注意选择流行的发式，脸部细节刻画（包括化妆方式）以及其他附件用来表达整体的一个设计思想。

目前，受欢迎的女性时装人体为纤细苗条，长腿、柔软的人体，男性人体则比女性强健得多，形象也很健美。童体要突出活泼可爱的形象。时装人体为突出修长的人体，上半部分由头、颈、躯干所组成，下半部分为腿。简洁概括是时装画人体的一大特点。

第二节 不同性别、不同年龄人体的形态差异

一、男女形态差异

男性的轮廓方正明晰，喉结明显；女性的轮廓柔和娟秀，曲线优美。

男性的最宽部位在肩膀；女性的最宽部位在臀部骨盆处。

男性的人体中心在耻骨，腰线在肚脐的下方。女性的人体中心在耻骨的上方，腰线在肚脐的上方。

男性的乳头位置比女性的乳头位置要高。

男性的肩部宽阔；女性的肩部倾斜圆顺。

男性的胸部宽阔，呈方形；女性胸部柔和、丰润，呈椭圆形。

男性的腹部浑厚而坚实；女性的腹部修长且丰盈（图2-2、图2-3）。

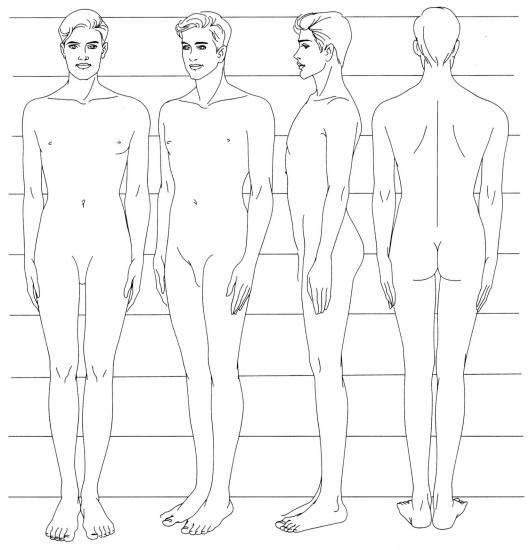

图2-2

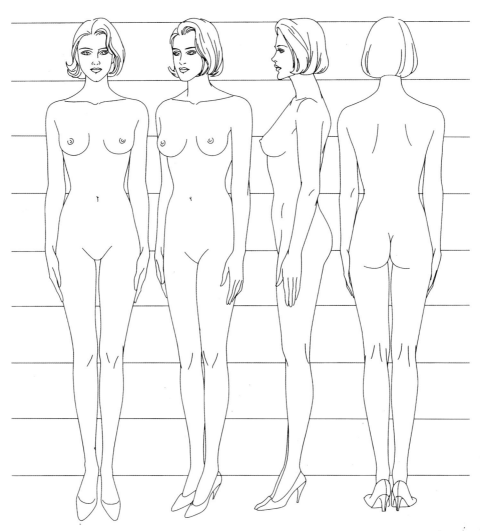

图2—3

二、从幼儿到中、老年的人体形态差异

　　人的一生要经历婴儿期、幼儿期、少年期、青年期、中年期、老年期等几个阶段。随着年龄的增长，人的身高和体积都会发生明显的变化。这些变化除了由小变大，由矮变高，又由青春变为衰老外，人体的各个时期的体态和比例都是不同的。

　　初生儿的体态特征是头大身小四肢短，但生长的速度很快，出生第一年身长可增加25厘米，第二年可增加10厘米，以后增长速度便逐渐减缓。到了少年期

（12～14岁），男孩每年可长高7～8厘米，女孩每年可长高5～6厘米，这是人体发育出现的第二次高峰。进入青春期后，除了身高迅速增长外，体型及全身各器官变化较大，性别的特征也日益明显。男孩的肩膀变厚变宽，胸围扩大，肌肉发达，骨骼粗大，喉结突起，体态上出现了男性的特征。女孩的体态变化更为明显，皮下脂肪增多、变厚，皮肤细腻、光滑，胸围增大，乳房隆起，臀部也变得丰满发达，呈现了青春少女的自然体型。人体发育到25岁左右已变得成熟了。

　　人生步入中年，体态就呈现出衰老

迹象，在额头、眼角处出现皱纹，肌肉松弛，脂肪积聚，腰围与胸围增大，身高稍有降低，头发逐渐变白并且开始脱落。进入老年之后，体态的衰老迹象更为明显，由于骨骼的老化，软骨的移位和磨损，身体变矮，背部驼起，牙齿脱落，脸部、腹部、手背和关节活动部位布满了皱纹，行动也变得十分迟缓。

　　人体的发育、生长和衰老的体态变化是一个自然的过程，对每个时期体态及其变化的了解有助于各种人体形象的塑造（图2—4）。

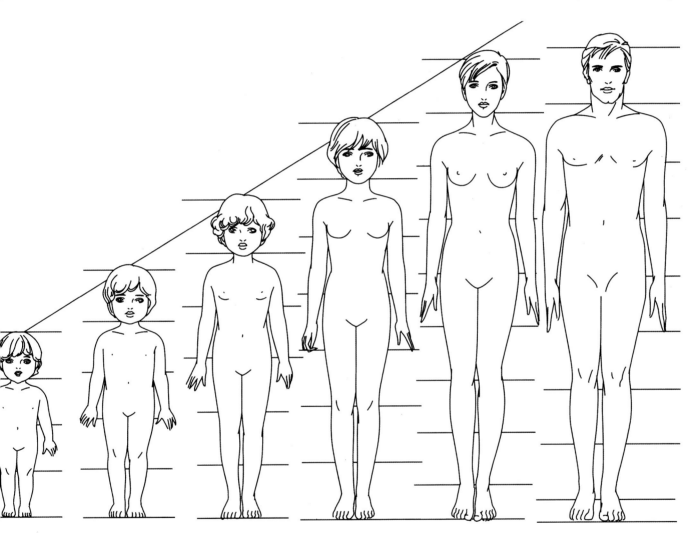

图 2—4

第三节 人体的表现

一、时装画的人体表现

正常的东方人，人体比例是7个半左右的头长，而时装画人体要求达到8个半头或9个头长，甚至10多个头长的比例。也就是说时装画的人体已经与现实生活中的人体有了很大的区别，或者说时装画人体是一种通过夸张、变形的艺术人体，时装画对于人体各部位夸张的程度不一，手法也不尽相同。常用时装画人体比例为8个半头长，其人体比例如下：

头顶至颌底为1个头长。

下颌底至乳点以上为第2个头长。

乳点至腰部为第3个头长。

腰部至耻骨联合为第4个头长。

耻骨联合至大腿中部为第5个头长。

大腿中部至膝盖为第6个头长。

膝盖至小腿中上部为第7个头长。

小腿中上部至踝部为第8个头长。

踝部至地面为第8个半头长。

其中肩峰点在第2个头长的1／2处，上肢的比例为1个半头长，肘部在腰线上，肘部至腕骨点为两个头长多点。手为3／4个头长，脚为1个头长，大腿为两个头长，小腿至足跟为两个头长。

时装画人体的横向比例，一般指肩宽、腰宽和臀宽之间的比例。

男性肩宽为头长的2.3倍左右，腰宽为1个头长左右，臀宽（大转子连线的长度）为两个头宽。

女性肩宽为两个头宽左右，女性腰宽窄于一个头长，女性臀宽与肩宽相等（或稍宽于肩宽）。

当上臂伸直上举时，足至手指尖为10个头长，手臂下垂时，手指尖在大腿中部。以颈窝为界，手伸平后可达4个头长。

二、人体的画法（图2-5～图2-18）

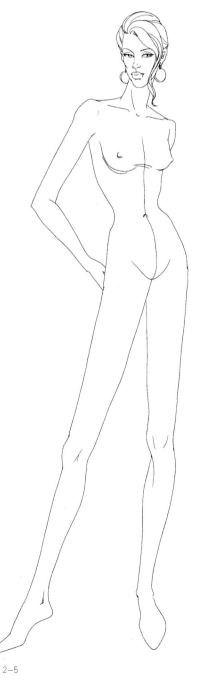

图2-5

图2-6

图2-7

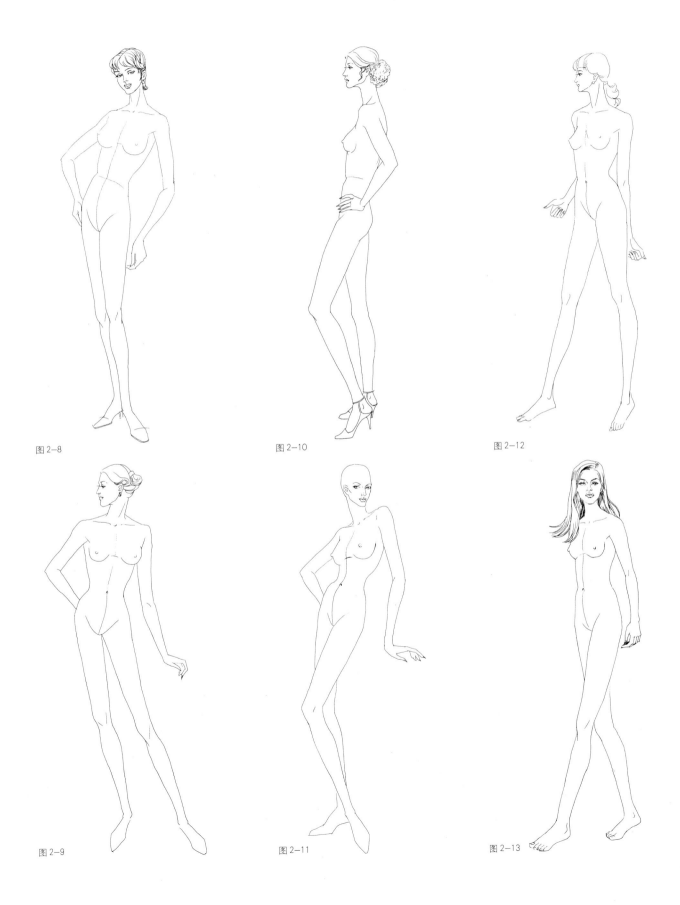

图 2-8

图 2-10

图 2-12

图 2-9

图 2-11

图 2-13

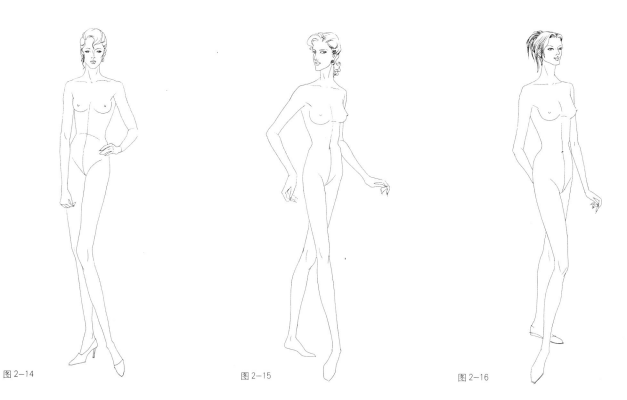

图 2—14　　　　　　　图 2—15　　　　　　　图 2—16

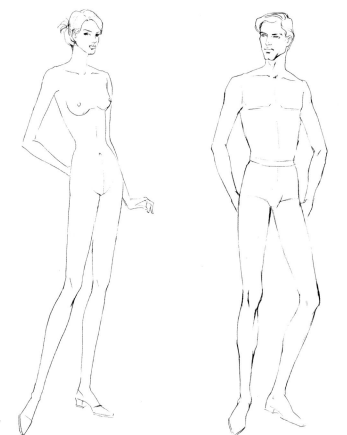

图 2—17

图 2—18

第四节 五官、发型的表现

一、头部的表现

头部分为脑颅和面颅、发型三部分。脑颅包括颧骨、眼眶以上部位。面颅包括脸的五官部分。人的头部的基本形状是卵圆形，有方脸盘、圆脸盘、鸭蛋脸、瓜子脸等等，形象地概括了头形的特征。中国古代画论曾用"八格"来概括头形：即"田、国、由、用、目、甲、凤、申"八个字来形容头部的形状，恰到好处。不同的性别，不同的年龄，头部的特点都有所区别。头部的五官反映了人物内心世界和外在特征。在时装画表现中，头部一般采取简练而概括的处理方法，抓住最美的东西，生动、重点地表现出来。

表情与五官息息相关，人的面部表情由情感而引起，且非常丰富，主要的表情不外乎喜、怒、哀、乐、愁、惊等几种。表现五官有一句顺口溜为：画人笑，眉开眼弯嘴上翘；画人哭，眉掉眼垂口下落；画人怒，瞪眼咬牙眉上竖；画人愁，垂眼落口皱眉头。

时装画中对头部的刻画可以说是非常重要的。无论是精雕细刻，还是轻描淡写，它都代表着整个作品的风格、气质。服装设计针对的是不同的人群，时装画中对人物的刻画也应是将不同人物的典型特征表现出来，才能引人入胜。

在起初画头部时，要画辅助线，也就是正中线，及与其交叉的眼、鼻、嘴等横线。借助这些辅助线，慢慢掌握五官与头部的比例和位置，并将头部不同角度转向的透视关系考虑进去。

刻画额头时，要注意突出额结节、眉弓和颧骨的位置及它们之间的关系。而眼睛状似一个小球，放在眼眶中，并被上下眼睑包着，上眼睑较圆弧而有阴影盖住眼瞳的一部分，在刻画上较为重视，一般颜色比较深，而在对下眼睑的刻画上，线条要轻淡，一带而过即可。画眼睛时要注意眼睛的视向，也就是说，两只眼睛要同时画，使左右两边的眼睛相协调、对称。即使是只看得到一只眼睛，也要在心中考虑到另一只眼睛的存在及它们之间的关系（图2-19、图2-20）。

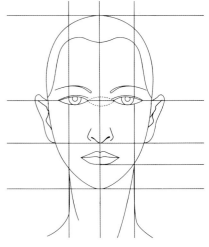

图2-19

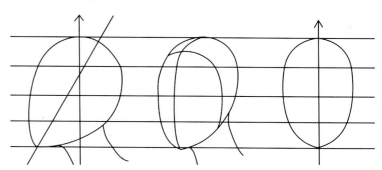

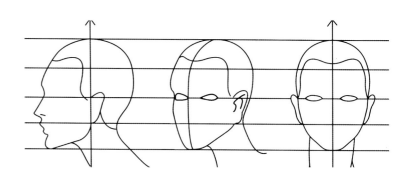

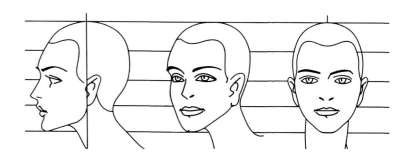

图2-20

二、眼的画法

"眼睛是人心灵的窗户",它能传达人的情感,表现人的喜怒哀乐。它在头部表现上占有非常重要的地位。眼睛的形状多种多样,但概括起来大致有大、小、圆、长、短等几种。男子和女子的眼睛在表现上是有差异的,女性利用化妆品使她们的眼睛显得更大。眉毛纤细,柳弯眉较多,眼睛传情、柔美。男性的眉毛较为粗黑浓重,眼也近于偏圆,皱眉锁眼,用笔要粗犷豪放,富有个性(图2—21)。

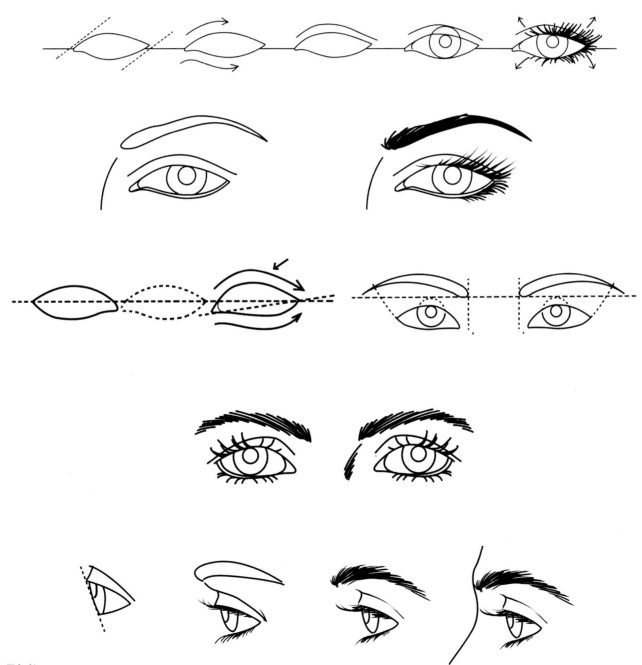

图2—21

三、嘴的画法

嘴的中间呈浅浅的凹陷，形状像一个被拉开伸展成扁形的"M"形；下嘴唇外形也像一个拉开的"W"形。嘴部的基础构架由上额骨和下额骨及牙齿构成。上嘴唇较宽，形如拱形。上唇中部在人中处，微笑时两嘴角上翘，少许露牙。嘴分上唇和下唇，中间为唇裂线，一般下唇比上唇厚。男性趋向偏宽形，女性较男性丰厚。根据不同的特点和需要，女性一般用唇膏、口红来修饰，取长补短，不同的性格也采用不同的口红色彩来表现。在学习素描当中，有"三停五眼"的说法，三停是将发际至下额之间分为三部分，一停在眉线，二停在鼻底线，三停在下额线。五眼是指从正面角度看，脸的宽度为五只眼睛的长度，眼睛在头顶至下额线的1／2处（图2-22）。

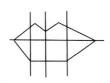

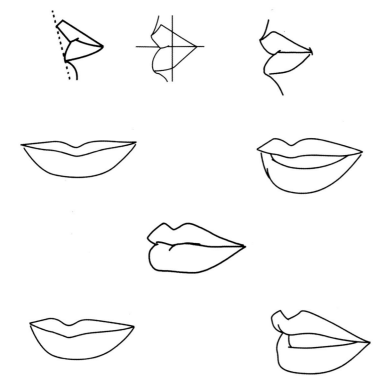

四、耳、鼻的画法

耳由外耳轮、内耳轮、耳垂和耳屏组成。耳朵的大体轮廓像一个"C"，上端比较宽，下端比较窄。耳的位置在眼睫与鼻底线之间的高度上。鼻子的上部分（鼻梁）由鼻骨和附在上面的软骨组成；下端是椭圆形的鼻尖部。里面结构为鼻中隔，两个鼻翼也是软骨，其形状向外下方斜。鼻子的处理要把握其正面、侧面及半侧面的典型角度，注意其仰视和俯视的透视变化（图2-23，图2-24）。

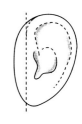

图2-22

图2-23

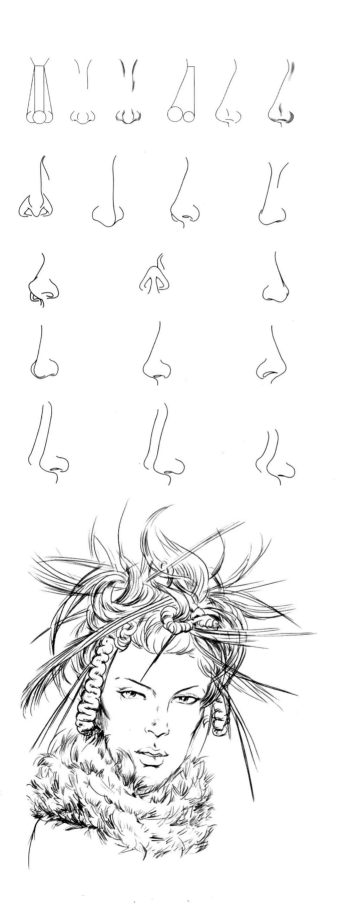

图2—24

图2—25

五、发型的画法

在服装设计表现中，发型也是非常重要的，它是服饰美的重要因素之一。不同的脸型应搭配相应的发型。同是一种发型，由于脸型的差异，常常会产生不同的装饰效果。同一张脸型同样也可以搭配多种发型。所以，发型的表现是要根据每个人的具体脸型、颈部的长短、内在的气质及服装的造型效果来决定的，使其脸型、发型和服装三者形成一个有机的、美的整体。

各种发型除了对人起到美化作用外，同时也反映出人的文化艺术修养和个性，它和服装款式相互依赖，相互衬托，服装可因有合适发型相衬而得到更为美的效果，同时，合适高尚的发型也可因有恰当的服装相配而锦上添花。

发型的描绘首先应掌握其造型特点，强调其基本形的特征，重视外形的美感和头发的主要结构走向，一般均用细而长的流畅笔触来表现女性的长发，线条的疏密要排列得当。要注意分析和领会服装及发型的特有情调，采用不同的表现方法，努力表达出该款式所特有的情调和风格（图2—25～图2—29）。

图 2—26

图 2—27   图 2—28

图 2—29

六、手与腕臂的画法

手由手掌及手指组成。手掌似扇形，"画马难画走，画人难画手"。手因其结构的复杂和灵活性，成为人体绘画中的一个难点，但它对于动态美感的塑造又是非常重要的，所以必须特别重视。

男性的手大约是头长的4/5，而女性的手大约是头长的3/4。在画手时，要从大的形体关系入手，先将手掌作为一个整体画出，然后按照生长规律将手指区域画出大形，再逐步刻画手指的形态，男性的手能传达出坚定有力、决心等感情，适用棱角鲜明的粗直线。女性的手指细长而柔软，手指能传达感情和体现美感，宜用润滑流畅而轻快的线条来表现（图2-30）。

七、脚的画法

脚与腿在整个人体中占有很大的比例。人体优美的动态主要依靠腿部的运动。恰当地描绘出修长、美丽而健康的腿，能使时装画倍增魅力。脚是人体站立和各种动作的支撑点，脚的正确描绘有助于站姿的稳定感。脚由脚趾、脚掌和后跟三部分组成。三者构成一个拱形的曲面，站立时一般是脚趾部分和脚后跟着地。脚的动态表现能加强人体姿势轻松活泼的生动感（图2-31）。

032

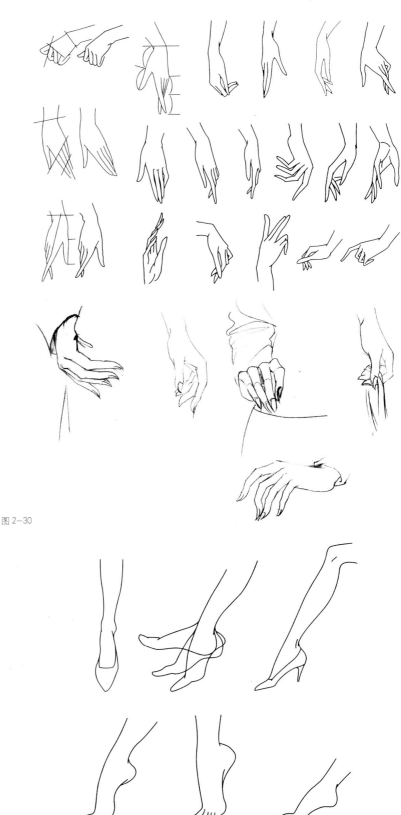

图2-30

图2-31

中國高等院校
THE CHINESE UNIVERSITY
21世纪高等教育美术专业教材
The Art Material for Higher Education of Twenty-first Century

CHAPTER 3

服装的结构
服装结构图的表现方法
立体着装
不同的表现方法

人 体 着 装

第三章　人体着装

第一节　服装的结构

在了解了服装、人体的造型后，我们还必须了解服装的款式构成，即服装的结构。在服装的结构中，外形轮廓和内部分割是起决定性的因素。前者决定服装的造型风格特征，后者依据人体的凹凸，创造性地将服装材料分割成不同的部位，然后由各种不同的拼接方法将服装组合而成。

服装的造型是由轮廓线、零部件线、装饰线及结构线所构成，其中以轮廓线为根本，它是服装造型之基础。轮廓线必须适应人的体形，并在此基础上用几何形体的概括和形与形的增减与夸张，最大限度开辟服装款式变化的新领域。一件衣服可以根据人体的特征抽象为长方形，也可抽象为梯形、椭圆形等。服装的外形线不仅表现服装的造型风格，而且是服装设计诸多因素中表达人体美的主要因素，尤其是对肩、腰、臀的主要人体部位进行夸张和强调，能获得人体美的新创造，由于对人体的观察角度不同，对外轮廓型的构思也不同。

从平面的角度说，服装的基本形可概括为X型、H型、V型、A型、S型、圆型等类型，同样可以运用现代平面构成的原理，运用组合、套合、重合、运用方圆与曲、直线的变化和渐变转换、增减形变化等，改变服装的外形。尽管服装外形变化较多，但它必须通过人的穿着才能形成它的形态。服装是以人体为基准的立体物，是以人体为基准的空间造型，因此必然要随着人体四肢、肩位、胸位、腰位的宽窄、长短等变化而变化，即受人体基本形的制约。了解这些变化，从设计的角度去分析服装，才能更好地表现服装。

一、不同的外形表现

1. X型造型

这一轮廓的特点是强调腰部，腰部紧束成为整体造型的中轴，肩部放宽，下摆散开，主要突出腰部的曲线。这种造型富于变化，充满活泼、浪漫情调，而且寓庄重于活泼，尤其适合少女穿着（图3-1）。

图3-1

2．H型造型

　　整体呈长方形，是顺着自然体型的轮廓型，通过放宽腰围，强调左右肩幅，从肩端处直线下垂至衣摆，给人以轻松、随和、舒适、自由的感觉（图3-2）。

3．V型造型

　　这种造型也称三角形，一般裙脚收细，强调肩宽是这一廓型的特征，为了追求其洒脱、奔放的风格，体现自己的个性和时代感，女装、男装均用此造型（图3-3）。

图3-2

图3-3

4．A型造型

A型是通过修饰肩部，夸张下脚线形成的，由于A型的外轮廓线从直线变成斜线，进而增加了长度以达到高度上的夸张，是一般女性喜闻乐见的，具有活泼、潇洒和充满青春活力的造型风格。如无袖连衣裙、婚纱类服装等（图3—4）。

5．S型造型

这个造型是依附女性身体的曲线而形成的紧身型造型，突显成熟女性的魅力，是晚礼服常用到的一种表现手法（图3—5）。

图3—4

图3—5

6. 圆型造型

在服装造型中，运用夸张的表现将圆形应用于服装的整体或局部，形成趣味性构成形式。在表现时要注意衣料分割的合理造型表现（图3-6）。

7. 组合型造型

轮廓线不仅体现服装的造型风格，而且是服装设计诸多因素中表达人体美的主要因素。尤其是对肩、腰、臀的主要人体部位进行夸张或强调，能获得新的发展和突破。所以常有设计师将不同造型加以组合，达到多变的艺术效果（图3-7）。

图3-6

图3-7

二、 内部结构分割

在绘制时装画时,尤其要注意服装款式的内部分割线,其变化是构成款式风格的主要因素。服装的内部分割线有些与人体结构相关而构成服装结构线,有些是为审美的需要而产生的装饰线(图3-8)。

图3-8

038

三、褶皱的表现

衣褶又称衣纹。它是服装穿于人体后，由于力的作用，牵引和折叠而形成的。服装的结构大体上是按人的结构设计的，以人体的站立姿态为基础，各部位的结构基本上是呈管状或筒状。

人体各部位的结构有凹凸变化，四肢、头、颈、躯干等活动范围很广，力点的数量与作用方向也有变化，因此，人们

着装后往往贴身部位会显体形，而在关节部位都会出现许多褶皱。褶皱基本上分为：重力褶纹、牵引褶纹和折叠褶纹。

重力褶纹：主要是指面料向下垂于地面的褶纹。

牵引褶纹：由于人体的运动，腰、四肢在运动中的弯曲，使服装面料在人体的作用下产生力的牵引形成褶纹。特点是褶纹线条相对较长。

折叠褶纹：是两个力点向内作用挤

压织物形成褶纹。出现的部位如：手肘、腋窝、膝盖等处。特点是衣纹线条较短。

衣服的褶皱可分为三个不同类型：有规律有方向的褶裥所形成的刚劲、挺拔的节奏；还有随意的抽成的细皱褶所形成的蓬松自由的优美曲线；再有就是服装面料因不同的质感，在依附人体时因造型所形成的起伏波浪，这种悬垂感具有飘逸洒脱的风韵（图3—9）。

图3—9

四、其他

服装结构绘制时还要考虑到一些细节的刻画，在成衣设计时，甚至一些制作工艺的特点也要通过款式结构图表达清楚（图3-10）。

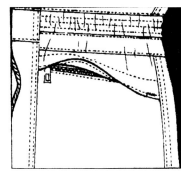

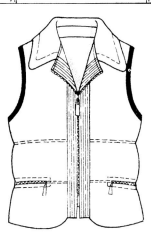

图 3-10

040

1. 领型（图3-11，图3-12）

图 3-11

图 3—12

2. 袖型 （图 3—13）

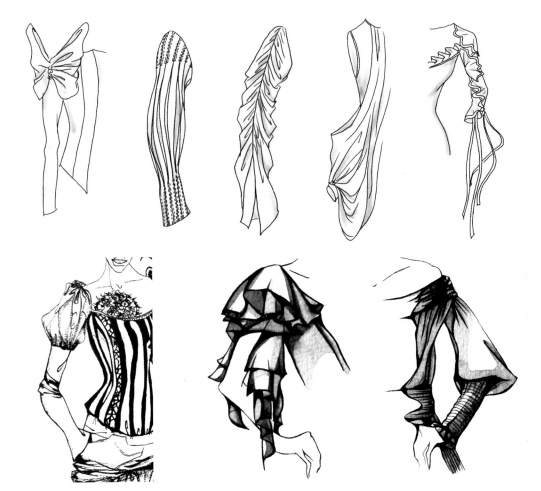

图 3—13

第二节 服装结构图的表现方法

服装结构图即平面图、款式图，是服装效果图的补充说明，是对设计款式更详尽的说明。服装结构图是将服装脱离人体的平面展示效果。服装设计效果图往往有一些审美上的夸张，结构图的目的是将服装效果图中不清楚的部分、效果图中不能全面展示的部分严谨准确地表现出来。服装是一项立体的设计，有了结构图它可以全方位展示服装的整体设计效果，结构图是款式效果图的重要补充部分，它是有效地指导成衣设计生产的重要组成部分，所以服装结构图在服装专业设计中占有重要的位置。

一、工具

画结构图所需工具：铅笔、橡皮、钢笔、针管笔（或较细的签字笔）、中性麦克笔。

二、方法步骤

1. 起草图

因为人体的对称性，所以平面的服装结构图要用铅笔先画好中心线为服装的参考依据，然后根据人体的体形结构特征，画好服装的领位、肩线位置，再根据服装的整体比例关系画好侧缝线、下摆围度等，确定外形后，再根据服装各个细节之间的比例，例如口袋、纽扣的大小，省道的长短等，画出服装的内部结构线。要注意，虽然表现的是平面图，仍然要有立体的概念，画出服装的透视感觉，为使线条准确生动，在画平面结构图时尽量不借助尺子，以免线条呆板。

平面结构图是成衣生产的依据，所以要尽量刻画细节，如双明线的距离，服装零部件的细节工艺，镶拼面料的质感差异等等。

2. 钢笔勾线

用钢笔或针管笔在铅笔线的基础上描画，服装的外部线条用较粗的钢笔勾画，内部线条用较细的钢笔勾画，形成较为完整的制图效果，待钢笔线条完全干后，再用较软的橡皮将铅笔线擦拭干净。

3. 上侧影与标文字

为增加平面结构图的立体效果，可用灰色麦克笔在结构图单侧画阴影，可以丰富结构图的视觉效果，适当的文字对局部结构起补充说明作用（图3—14、图3—15）。

图3—14

图 3—15

上衣的造型与分割（图 3—16）。

图 3—16

裙子的造型与分割（图3-17）。

图3-17

裤子的造型与分割（图3-18）。

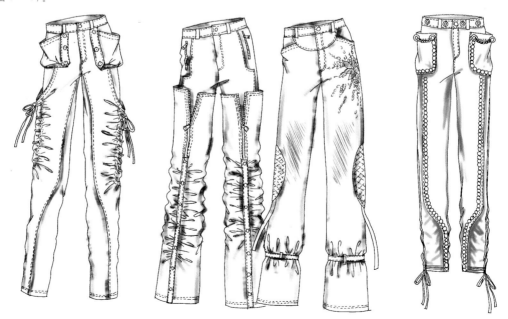

图3-18

第三节 立体着装

在表现着装人体时，要考虑到人体的重心线与服装的中心线的关系；领围、胸围、臀围、服装底边围的角度变化；服装的中心线依附于人体凹凸起伏，并随着人体姿势不同而发生透视变化，从立体的角度去分析不同面料的质感表现，以及服装与人体的空间关系因不同的人体姿态而产生的衣褶变化，这些都是画好时装画的重要依据。

绘制时装画时，人体姿态的选择直接关系到服装展示效果，是由时装款式特征的最佳角度来决定的。时装人体中有一条人体的中心线，它是绘制着装人体最关键的参照物，衣服的领口、衣服的门襟等服装的结构都需以此为对照。

衣纹的处理和表现也是着装人体的难点，我们必须清楚衣纹的成因。所谓衣纹，它是由人体的关节或躯干的运动变化，而致使包裹在人体外部的衣料发生被拉伸或堆积的现象，在关节变化后的凸起面，由于面料被绷紧而产生拉伸，同时，在凹进面就会产生余量。另外，由于服装面料的质感不同，所产生的衣纹效果也就各具特色（图3-19～图3-21）。

图3-19

图 3—20

048

图 3—21

第四节 不同的表现方法

线条是时装画造型的基本表现形式,线条不仅表现服装的肌理质感,时装绘画者还利用它丰富的艺术表现力,线条的勾勒、转折、行涩、顿挫、浓淡、虚实、疏密排列都是绘画者艺术修养的再现,时装画的线条要求整体概括,简洁清晰,突出表现服装的结构造型、人物的动态、面料的肌理质感,以及整体画面的风格等。

一般情况下,轻薄丝织品的衣纹线条长而顺畅;化纤类织物的衣纹线条挺括而富有弹性;棉、麻类织物的衣纹线条硬而密集;毛类织物的衣纹线条圆润而厚重……

现在许多学生在学习时装画前都有临摹日本动漫人物的经历,动漫人物严谨的人体动态是时装画中要借鉴的优点。但动漫中过于夸张的人物面部刻画,过于繁杂的衣纹都会影响到服装设计的外部造型轮廓及内部结构线的分割。因此,时装画中的衣纹要处理得简练、概括,这是要特别注意的。

一、均匀线

通常用钢笔、勾线笔等工具以同等粗细的线条来表现服装。均匀线的特点是气韵流畅,结构清晰,通常表现轻薄而有韧性的面料。均匀线由于线条单一,绘制时装画要注意画面线条的疏密排列,用线条的节奏形成装饰性效果。在运用线条时,还要考虑到面料的质感带来的线条变化,表现丝绸面料时,要运用流畅飘逸的线条,表现棉麻织物时,要运用短促而细密的线条等(图3-22~图3-29)。

图3-22(1),作者采用针管笔均匀的线条,细致地刻画出不同材质的搭配设计,在表现时,运用线条的不同方向组合,丰富了画面的效果。

图3-22(2),作者运用装饰性均匀线条的穿插,增强了画面的艺术感染力。线条流畅,表现力强。

图3-22(3),作者运用细密的线条排列,强调了画面的空间关系,及其服装材料的质感表现。

图3-22　　(1)　　　　(2)　　　　(3)

图 3—23

图 3—24

图 3—25

052

图 3—26

图 3—27

70cm

054

图 3—28

图 3—29

二、粗细线

粗细变化的线可由毛笔、扁嘴铅笔、书法钢笔等工具表现，线条生动多变可表现丰富的面料质感，悬垂感等（图3-30~图3-34）。

图3-30的作者通过强调服装层次间的光影变化而改变线条的粗细，表现出服装的层叠穿插关系，加粗的线条也增加了服装的力度感，更好地表现出设计中要传达的军旅风格。

图3-31的作者通过线条的粗细变化表现了空间位置的不同，细线体现相对远距离的空间与女性的柔弱细腻。粗线表达了男装中的钢硬与坚强。

图3-32的作者通过线条的变化着重强调服装中的不同面料质感，线条流畅而富于变化。

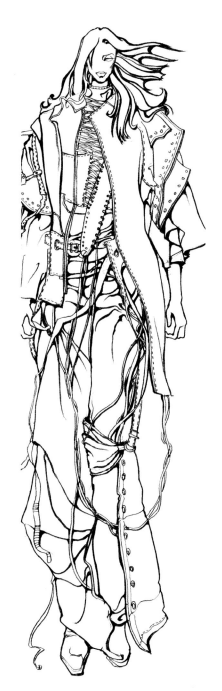

图3-30

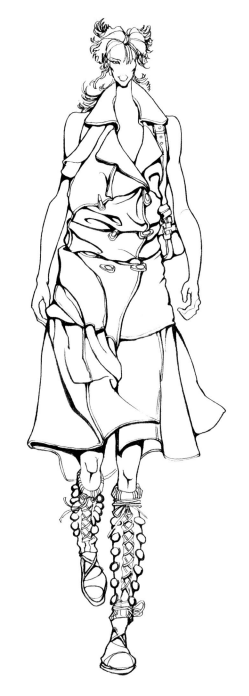

图 3—31

058

图 3—32

图 3—33

图 3-34

由此我们可以看出，时装画中造型的线条是体现设计者对服装内涵的理解，对服装结构的熟悉，以及对时尚感觉的把握。同时还要多借鉴其他造型艺术中对线的运用，只有在此基础上，才能更好地表现出时装画的神韵。

三、黑白灰的表现方法

学生在学习时装画着色前，应学会将丰富多彩的服装色彩与空间关系用黑白灰的表达方式去理解塑造，时装画的黑白灰表现是建立在对色彩的空间层次认识上，就好像我们将彩色照片的底版，用黑白照片的洗印方式呈现在大家面前一样。学生们通过单纯的黑白灰色调练习后，更好地理解色彩配置的空间关系及服装层次的明暗光影变化（图 3-35～图 3-38）。

图 3—35

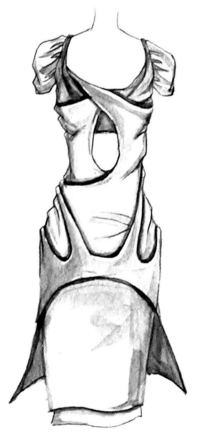

图 3—36

图 3—37

064

图 3—38

中國高等院校

THE CHINESE UNIVERSITY

21世纪高等教育美术专业教材

The Art Material for Higher Education of Twenty-first Century

CHAPTER 4

配色常识
薄画画法
厚画画法
其他画法

时　装　画

表　现　方　法

第四章　时装画表现方法

第一节 配色常识

在服装设计中，色彩是其三大构成要素之一。因此色彩表现是服装效果图的重要环节。服装是一种无声的语言，直观地反映着人类的思想情感、时代文明与社会风貌。人们的服装及其色彩随时间、气候的变换而不断更换。在服装中，色彩美不能单项实现，它存在于包括款式、面料等系统的综合工程中，存在整体的服装设计中，需考虑与人的体态、肤色、性别、年龄等生理条件相协调，还须考虑人的心理、职业、文化、环境和社会风俗，才能借助服装色彩来展示真正的个性美。还有许多的特殊的服装必须首先考虑其实用机能。这种实用机能是在自然科学技术的引导下，依据色彩的科学原理，从人的视觉生理系统出发，根据人工作的特点和需要所产生的机能要求。如外科医生手术服的色彩定为绿色或蓝色较有代表性，因中性色或冷色具有镇静的作用。军服色彩的设计与军兵种和地理气候环境有着密切关系。军服的迷彩色及伪装色，有利战时所需的隐蔽。随着时代的发展，不断追求材质的舒适性、色彩的多变性，色彩和织物的创新，使新颖的材质、丰富的色彩为服装增光添彩，色彩和面料材质之

图4-1

间是相互依存的,使得现代服装变得简洁而并不简单。

作为服装效果图的色彩配置,常用的有三种基本方法:

1. 同类色配置

同类色配置是指运用同一色系(色相环上15度之内的颜色)色彩相配置,如:红色系列、黄色系列、蓝色系列等。这些同色系列相配置的方法很容易取得协调的色彩感觉,但应该注意的是色彩的明度和层次要处理得当,否则图面色彩则会显得呆板而平淡。在画图时要根据款式的特点在鞋、包、领花、围巾等配饰中加入其他色彩点缀,丰富画面效果(图4—1)。

2. 邻近色配置

在色相环上,90度之内的颜色称为邻近色,如:橙与红、蓝与绿、绿与黄等。邻近色的配置方法较容易构成既和谐又富于变化的色彩效果。颜色之间的纯度和明度应有主次、强弱和虚实之分,这样才会使服装的色彩有层次感,它是人们易于掌握的配色方法(图4—2)。

图4—2

3. 对比色配置

对比色一般是指色相环上两极相对应的颜色，如：红与绿、黄与紫、蓝与橙等。对比色是大家不易把握的配色方法，处理不当会非常刺眼，带来感官上的不适。但用好对比色，恰恰能够体现出对色彩的把控能力。在对比色相配置时值得注意的是对比色在其纯度和明度上的对比关系，在色相和面积上的对比关系。一般的规律是，面积大的颜色其纯度和明度应低一些；面积小的颜色其纯度和明度可以高一些。例如：整套服装的颜色是暖绿色，在服装的局部点缀少量的红色，构成对比的关系，这样的色彩配置会使服装的色彩明朗而醒目(图4-3)。

068

服装色彩分两大类。一类指服装自身的色彩，另一类指与服装密切相关的服饰品色彩，这两大类别的色彩共同构成了服装色彩整体系列关系。在服装色彩设计与搭配中，为了使众多色相各部分色彩之间组合产生整体的美感，避免进入用色误区，应紧紧抓住服装"色调"这一重要环节。

所谓色调是指色彩的整体基调，它是某一事物或整套服装色彩外观的重要特征和总体倾向。色调与色相、明度、纯度、色面积比例、色位置、材质等诸多因素相关，其中若以一个色彩要素为主，它则起着主导支配作用，色调也就倾向这一因素。众所周知，每一种色彩都会给人们带来不同的心理感受，选择以何种色彩为主基调，要考虑到这方面的因素。

图4-3

第二节　薄画法

　　服装效果图的表现技法非常丰富，人们常常会根据服装款式的不同、服装材料质感的不同，选择相适应的服装技法表现风格。

　　服装效果图中的薄画法(也称为效果图的淡彩)是运用水彩色表现服装设计的各种造型。淡彩表现是服装效果图最主要的表现方法之一。由于水彩色晶莹剔透、酣畅淋漓的特点，所以适合表现一些透明的、半透明的及轻薄、飘逸的服装。水彩具有较强的透明感，操作简易而方便，适合于大面积渲染。用笔可以大面积地涂画，也可以较为细致地晕染。时装效果图的水彩技法大都是从绘画中借鉴吸取而来，有湿叠、干叠、湿接、干接、未干衔接、渲染等等技巧。淡彩画法的用笔一般是选择白云笔或水彩笔，运笔力求干净利落、一气呵成，掌握好笔中的水分，水分过多或过少，都会影响图面的充分表达（图4-4）。

一、写意法

　　所谓写意法是借鉴中国画中的大写意的用笔和着色技法。选择大白云或大号水彩笔，笔蘸的色彩及水分要饱和一些，按照服装的结构大笔一挥而就，笔触漂亮，善于利用空白的处理，虚实、浓淡掌握得当，这种方法给人以生动而大气的感觉（图4-5）。

图4-4

图4-5

二、晕染法

晕染法吸取了国画中工笔重彩的画法，用一支颜色笔和一支水笔同时进行绘制，把颜色涂在纸上随即用水笔晕染，其色彩效果较为细腻而自然，具有丰富的层次感和装饰情趣。当然运用此法亦可进行两种不同颜色的晕染，使色彩更为绚丽丰富（图4-6、图4-7）。

图4-6

图 4—7

三、淡彩画法

淡彩画法还可以利用水迹处理、利用空白处理等，使图面产生一种新颖、别致的艺术效果。

淡彩画法的具体绘制方法与步骤如下：

1. 皮肤着色：将画稿拷贝在具有吸水性较好的水彩纸上，首先画人物的皮肤颜色。皮肤颜色的调法是：以中黄、朱红为主色，加入极少量的桃红色，然后加大量的水调和。在脸的主体部位着色，一般脸部的颜色不宜过重，同时将画面中有皮肤裸露的部位都涂上肤色。在刚才用过的肤色中加入少许翠绿和赭石，将皮肤的暗部着色，四肢的用色应注意立体感。接下来刻画面部细节，着头发的颜色，头发的颜色根据服装的色彩可轻可重，可冷可暖。头发的表现力求蓬松飘逸，避免用笔过于呆板（图4—8）。

2. 服装着色：在着色之前，应做到胸有成竹，服装的色彩配置要根据服装的流行趋势相结合，还要考虑到其他各种因素。着服装的颜色应根据服装的结构特征而顺势用笔。面料上的图案在表现时抓住大的感觉，并注意图案与衣服的转折关系和一致性。同时，掌握好笔触的衔接，画面的用色、用笔以表现服装整体的色彩关系和织物肌理为主（图4—10、图4—11）。

3. 勾线：勾线是淡彩画法较为关键的一步，线条要表现人物的五官、发型、服装的结构特征、衣纹的走势及质感等。勾线时可根据服装的特征来选择硬线笔（钢笔等）或软线笔（衣纹笔等），但不管选用哪一种笔，对于线的要求是一致的，用线要清楚明了地表现服装的造型结构，要使线条生动灵活，收放自如（图4—9、图4—12）。

图4—8

图4—9

图4—10

图4—11

图 4—12

在服装效果图中，淡彩画法由于表现形式便捷、灵活，同时画面效果疏朗而富于情趣，因此作品风格迥异，新颖、别致（图4-13~图4-16）。

图4-13

图 4—14

图 4—15

图 4—16

第三节 厚画法

厚画法也称为水粉画法，是运用水粉色来表现服装设计的构思。水粉色与水彩色相比，水粉色具有较强的覆盖力、厚重感，由于水粉色的覆盖性强，所以具有修改性，对于初学者来说更易掌握（但注意同一位置不宜做多次修改）。水粉画其表现力强，厚涂薄画均可，根据各人的习惯可以从暗部画到亮部，也可以从亮部画到暗部。常见的是在掌握住中间调子的同时，提高亮部，压低暗部，这样立体感就非常清晰了。因此，水粉画法适合表现一些粗犷的、厚质感的和各种特殊肌理的服装效果，用笔一般选择水粉笔、白云笔等（图4-17～图4-21）。

由于水粉颜色同时具有薄画法和厚画法的表现，那么我们的学生就可以根据所设计的款式、所选的面料来应用薄厚结合的表现方法，在一张画面中，肤色及轻薄的面料用薄画法表现，而厚重的外套、皮革等面料用厚画法来表现，尽可能地发挥薄、厚画法的优势，使画面表现力丰富（图4-22）。

comeherecomehere

服装及服饰博览会

图4-17

078

图 4—18

图 4—19

图 4—20

082

图 4—21

图 4—22

第四节 其他画法

当今的时装画受到各种审美思潮的影响，在越来越多的新材料不断问世的情况下，我们有了更多的尝试，从而形成了风格多变的时装画表现方法。时装画还要借鉴更多的艺术形式，从中汲取养分，更加充实画面的表现技巧。

在这里我们只介绍几种主要的表现方法，希望大家踊跃尝试，创造更多更新的好作品。

一、彩色铅笔的表现技法

用彩色铅笔来表现时装效果图有两种风格。一种是较为写实的风格，类似素描的表现方法，把人物与服装表现得有立体感、有层次。加之彩色铅笔有较大的灵活性，利用明度的转换和色彩的变化会使画面显得更加柔和细腻，这种画法比较细腻。要求绘画者有良好的造型能力和写实功底，绘制时比较费时间，不太适合考试时使用。彩色铅笔的技法和铅笔素描极为相似，无需调色，使用便捷，两者的区别在于颜色。彩色铅笔技法注重同时使用几种颜色，主要是排线上色。上色时应注重同时使用几种颜色，使之交互重叠，多色、多变的笔触达到了多层次的混色效果，这样色调既统一和谐，又变化多样，进而丰富多彩。绘画时切忌一支笔画用到底，以避免色彩过于单调，由于彩色铅笔的笔触细腻，十分适合人物面部的刻画和表现化妆效果。但因铅笔工具的特点及局限，重度略显不足，不适宜表现十分浓重的色彩。另一种是夸张写意的风格，即采用大块面的画法来突

出线条排列的帅气，虚实结合，注重动态及色彩的总体效果。在表现这种风格时，须注意用色不宜太多。

彩色铅笔也可以与其他技法结合使用，如常见的有：彩色铅笔加钢笔，彩色铅笔加水彩等。一般适合表现朦胧的色调，飘逸的面料，以及写实风格的效果。可选用水溶性彩铅，可用彩铅笔在重点部位仔细刻画，又可溶于水将颜色大面积铺衬，或可用普通彩铅笔与水彩相结合，水彩由于自身不具有可覆盖性，在绘图时追求意境，讲究一气呵成，这就给初学不久的学生们带来一定的困难。因此，仅仅把水彩作为图画大面积着色的材料，细节、明暗转折借用彩色铅笔这 工具来完成就会简便许多，最终效果也更容易把握（图4-23～图4-26）。

图4-23

图4-24

图4—25

图4-26

图4-27

二、油画棒的表现技法

由于油画棒属油性材料，覆盖力较强，但对于学生们来说，其表现力不够细腻，所以把油画棒与水粉色相结合就是通常所说的油画棒水粉法，适合表现厚质面料上的图案或条格。一般情况下，先用油画棒画出图案，再着水粉色。由于油画棒是油性的，它排斥一般的水质颜色，因此形成一种特殊的视觉效果。当然，也可先用水粉着色，再用油画棒画出图案。绘制顺序的不同，能产生不同的图画效果。

图4-28

在绘制过程中，要考虑到着装人体的明暗、透视关系。油画棒的使用要结合这些关系，才不至于和整个图画脱节，以便形成和谐、统一的画面效果（图 4—27、图 4—28）。

三、麦克笔的表现技法

麦克笔最大的特点就是能直接将设计者的构思快速表现出来。在画时装画时，大多采用水性麦克笔。由于麦克笔的每一次运笔都会清晰地留下笔触，应尽量用笔果断，适当留有空白，这一技法的风格豪放、帅气。麦克笔颜色透明，笔触易衔接，但要考虑两个颜色的色相。不宜过多重复涂抹，否则色彩易于混浊。由于彩色水笔物美价廉，又有类似麦克笔的透明效果，可作为麦克笔的替代品。另外，要用麦克笔表现效果图中的阴影和图案，应先上浅色，再上深色。为了使阴影或图案笔触明确，边缘清晰，则可等先上的颜色干了之后，再画阴影和图案（图 4—29）。

图 4—29

四、色粉笔的表现技法

色粉笔既有麦克笔的笔触效果，同时各色彩之间又可以相融。色粉笔是以适量的胶或树脂与颜料粉末混合而成，不透明，极具覆盖力。无需调色，直接使用。色粉笔其特殊的粉质效果常被用来表现带有柔和效果的绒面服装材料，如丝绒、平绒、貂毛等。因为色粉极易脱落色，因此在完成效果图后，故需要喷上适量的定画液或发胶固色（图4—30、图4—31）。

图4—30

088

图4—31

中國高等院校

THE CHINESE UNIVERSITY

21世纪高等教育美术专业教材

The Art Material for Higher Education of Twenty-first Century

CHAPTER 5

电脑与时装设计
表现技法

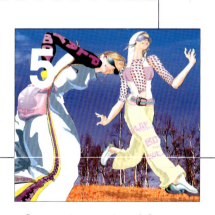

电脑时装画

第五章　电脑时装画

第一节 电脑与时装设计

一、电脑为我们的时装画表现增加了更丰富的语言

电脑的广泛应用，已使我们周围的世界发生了巨大变化。电脑的出现，使服装艺术设计从概念到技巧都有了全新的变化。电脑绝不仅仅是"计算的工具"，它可以表现为文字、图像，甚至是声音、语言。多媒体技术的拓展，使电脑能做的事情越来越多：电子购物、虚拟现实、全球网络。

电脑艺术设计起源于电脑图形技术在艺术设计领域的拓展。今天，电脑艺术设计的发展涵盖了纯艺术范畴和实用艺术范畴的各个领域。从建筑设计、室内设计、CI设计、商业包装、海报招贴、影视广告到纺织服装、工业产品设计，从平面静态画面到三维的动态画面，无处不体现着电脑艺术设计的巨大魅力和强大的生命力。

与传统的制作表现技巧不同，电脑艺术设计语言有着全新的特点，它无需笔、墨，却能表达同样的内容，无需尺、规，却能更加规范和精确。从构思到着手，从打稿、制作到完成、输出，它们的内容和形式都有了全新的变化。电脑艺术设计语言的特点突出体现在以下几个方面：高效、快速，并且精度很高；色彩极其丰富；修改便捷，保存方便；便于演示。总之，这些基本的特征决定了电脑艺术设计在这个以信息为竞争基础的时代，必将取代传统的手工设计模式，成为行业的主流。因此，今天的设计工作，根本离不开电脑。就设计原则而言，手工或电脑并不是问题的关键所在，重要的是如何既快又好地完成工作，适应不断变化的市场需求。

当今，时装化、个性化的着装趋势使时装流行的周期越来越短，款式变化越来越快。品种多、批量小、周期短、变化快成为当今服装设计生产的特点。这就促使服装业要不断变革，采用现代化的科学技术，拥有市场化、自动化、信息化的快速反应机制。形成集时装信息、设计、生产、供销、广告传媒、企业管理为一体的现代化的服装企业模式是当今服装业发展的方向。应用电脑进行时装艺术设计，使设计师的创意与电脑的高效优势互补，不仅加快了设计速度，还能提高设计的成功率，为设计师提供一个更为广阔的创作空间。

在电脑中进行服装设计需要借助相应的设计软件来完成，这类软件有两大类，一类是通用的设计创意软件，如：Photoshop、Painter、Coreldraw、Poser等；另一类是专业化的服装CAD系统，它包括服装款式设计、样板设计、放码、排料等多个模块。就服装艺术设计这部分功能来看，两类软件有相类似的功能，专业化的服装设计系统加强了三维模拟设计、褶皱设计、织物设计、各类素材库等专业功能。在实际工作中，成功的设计往往需要运用多种设计方式，只有了解并掌握多种设计软件，才能够表现出完美的创意。一般可根据需要选择适合的软件，有时候还需要综合各类软件的特点共同完成设计作品的创作。

二、通用电脑时装画软件介绍

1. Photoshop 简介

Photoshop 是 Adobe 公司出品的数字图像编辑软件，是迄今在 Macintosh 平台和 Windows 平台上运行的最优秀的图像处理软件之一。自从 Photoshop 问世以来，其强大的功能和无限的创意，使得电脑艺术家们对它爱不释手，并通过它创作出了难以计数的、神奇的、迷人的艺术珍品。针对服装艺术设计而言，Photoshop在模拟自然绘画方面并不擅长，较适于做

图像的修描、编辑处理、特效处理、版式编排等。

2．Painter 简介

Painter的推出在电脑美术界引起了轰动，其原因在于它能使艺术家像在现实生活中一样绘画着色。Painter的主要功能是模仿现实的绘画工具和自然媒体进行创造性地工作。它还突破传统的绘画模式，开创性地使用图案、纹理、"影像水龙头"等进行绘画。在Painter里，你甚至可以用凡·高、塞尚的手法绘画，创建令人惊叹不已的艺术效果。同时，Painter还是图像编辑与矢量制作的结合体，总之，Painter为艺术家们开辟了一个崭新的创作空间。

不同的设计软件有不同的工作界面和操作规范，设计者应首先熟悉软件的使用方法和操作技巧，多加使用，才能娴熟地运用这一现代化的设计工具，创作出精美的电脑服装设计作品，充分享受数字科技带来的新感受。

三、电脑服装设计流程概览

尽管各种设计软件有不同的操作要求，但运用电脑进行服装艺术设计的方法还是类似的，主要有以下几个方面：

1．线描造型

设计师既可以利用各种画笔工具进行人体动态和款式的描绘，也可以根据款式风格从电脑的人体动态库中选择适宜的人体模特儿，直接描绘服装款式。还可以手工画好线描稿后，通过扫描仪或数码相机输入计算机，运用手绘与电脑设计相结合的方式，弥补了电脑在模拟自然笔触方面的局限性，使造型更生动自然。从款式库中调用以前的设计画稿或成衣资料，进行修改后产生新的款式，可充分利用已有的设计成果，减少设计的工作量，这也是一种常用的方法。

如果配备了具有光笔的图形输入板，就可借助光笔进行自由绘画，光笔是一种代替鼠标的压力传感器，与传统画笔十分接近，能精确地模拟各种自然笔触和力度，使设计师更容易接受和使用电脑。

2．调色与填色

电脑提供了非常丰富的颜色供设计人员选用，除了在各种色彩模式下调节其量值来选定颜色外，有些设计软件还提供了标准的Pantone色库。由于采用了将色彩数字化的技术，Painter8.0以上的版本还有模拟手工的调色板，可调节出任意色彩，计算机能完全模拟真实色彩，且用色十分精确。当然电脑显示的颜色一般过于明亮，希望调出混浊的颜色则较困难。这也是显示设备本身的物理特性决定的。此时印刷用的Pantone色库可帮助我们校正色彩。

另外，电脑还具有提取颜色功能，可从屏幕上显示的图形中吸取某种颜色作为当前的绘图颜色，并可将绘画中用到的颜色建立在一个用户自己的调色板上，存入颜色库中，随时取用。

电脑在线描造型完成后的封闭区域内填充色彩只是几秒钟的事情，可随意更换原有的色彩，将一个服装款式经过复制可以做多种配色方案的尝试。在设计过程中，无论画面上哪里画坏了需要修改，都可以马上清除，而不是像在纸上设计时，墨色、颜色都无法修改，画坏了只好换纸重新再画一次。当设计师感到修改没有把握时，可将所设计的图稿储存起来，如修改后的效果不满意，马上在电脑里调出原先的设计图稿重新修改。

3．技法表现

手工绘制服装面料效果时，需在衣服上逐一描绘花纹图案，上不同的颜色时，还要等先上的颜色干后再继续着色，效率极低。若想描绘织物的纹理效果和质感则更加费时费力，效果也不理想。用电脑将绘制好的效果图进行换色和实际面料试装可谓一大奇观，可以模拟真实的着装效果，尽显着装风采。所用的各种面料可以由织物设计模块生成，也可以由扫描仪输入，在数秒钟内与款式图合成画面，直接显示着装效果，面料的方向、疏密可以随意调整，使效果更逼真，这要比手工描绘织物的质地快速而真切。

4．画面的艺术效果处理

在完成服装款式设计后，常常需要对画面及构图做进一步的处理，以呈现最佳的视觉效果。电脑在这方面有极大的灵活性和丰富的处理手段，可充分运用图层、编辑、滤镜等功能对画面的布局进行调整，或产生特殊效果的背景以营造与服装主体相协调的氛围。

电脑只是我们在服装设计中借助的工具，人的主观创造性才是根本，电脑虽然有很好的特效表现，但它是建立在我们很好的绘画感觉表现的基础上。因此只有掌握娴熟的手绘技巧，才能够更好地驾驭电脑时装画的风格表现。

第二节 表现技法

图5-3绘制步骤：

1. 先将手绘画稿扫描入电脑。

2. 在Painter环境下，面部填入肤色，然后用喷枪绘制阴影部分。

3. 帽子用画笔面板中的特效工具F/X画笔的Furry Brush工具绘制毛皮效果。

图5-1 作者：杨洁

图5-2 作者：宁蓓蓓

图5-3 作者：吴昊

4. 扫描蕾丝面料做成图案贴在上衣位置。

5. 上衣的下半部分先用画笔着大的色块，再用画笔中的Impasto的工具中的Loaded Palette Knife刮出针织肌理。

6. 裙子先着淡红色，然后用特效工具F/X画笔的仙尘画笔画出似繁星闪烁的花面料。

7. 背景单建一图层先着色，画阴影，再用画笔中的Impasto的工具中的Acid Etch，再将画笔调大点，给背景均匀地洒满特殊肌理。

图 5-4 绘制步骤：

1. 先将手绘全封闭画稿扫描入电脑。

2. 在Painter环境下，面部填入肤色，然后用喷枪绘制阴影部分。

3. 用Painter丰富的画笔将服装的图案肌理表现得很充分。

4. 背包的小花图案是运用艺术素材面板中的影像管工具，将所选图案调好大小分布在装饰部位。

5. 找好相应的背景图案应用Photo-shop环境中的滤镜的像素化的晶格效果。

注：软件是电脑时装画的工具，所以很多情况下充分发挥每个软件的特性，在绘制效果图时可在不同软件中切换。

图5-5的作者充分利用Painter的变化笔触将针织面料的肌理质感表现得非常直观，利用特效笔触Furry将右款中的裙下摆的绒质效果表现得很生动。

图5-4 作者：徐金刚

图5-5 作者：朱婉琪

图5-6

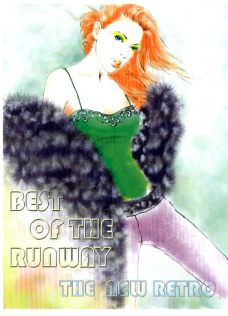

图5-7 作者：张素萍

图5-6 在Painter环境下，将设计中应用到的毛线肌理、纱质层叠、裘皮点缀效果与皮质面料的对比关系表现得非常逼真，充分发挥了Painter的画笔功能。

图5-7 绘制步骤：

1．用图形输入板，借助压感光笔在Painter中直接绘制线稿，可保证线稿的数据完整，确保线稿的笔触生动。

2．用路径变选区的方法分区绘制。

3．一定要有图层以确保毛皮边缘的质感。

4．通过文字输入点缀画面。

图5-8绘制步骤:

1．用图形输入板,借助压感光笔在Painter中直接绘制线稿,可保证线稿的数据完整,确保线稿的笔触生动。轻快的线条只有直接在电脑中通过Painter才能表现得出来,照相和扫描都会失掉许多线条的神采。

2．用Painter的毛笔工具调制不同色彩绘制时尚发型。

3．用画笔中的Impasto工具的Tex-turizer-Fine画笔,再将控制面板中笔的大小调到1.0左右,绘制服装上立体的绣花图案。

图5-9的作者通过Photoshop、Painter两个软件,将服装的牛仔面料、针织罗纹、皮革材料的肌理质感充分表达,同时还通过Painter的液态笔直接绘制背景。

图5-10中Painter的另一神奇工具是它的克隆特效,先将所需图案编辑到艺术素材面板中,再利用克隆源中的Furry Cloner效果,瞬间就能绘制出具有所需丰富色彩的皮草效果。

在月夜的背景图案中,利用特效工具中的Fairy Dust绘制繁星闪烁的效果。

图5-8 作者：王羿

图5-9 作者：曹建中

图5-10 作者：鲁元

图5-11 作者：王丹

图5-12 作者：王妤

图5-13 作者：蒋利源

图 5-14 作者：张文康

图 5-15 作者：刘艳艳

图 5-16 作者：王妤

图 5-17 绘制步骤：

1. 先将手绘全封闭画稿扫描入电脑。

2. 在 Painter 环境下，面部填入肤色，然后用喷枪绘制阴影部分。

3. 利用艺术素材面板中的渐变工具调节渐变位置填入所需部位。

4. 在艺术素材面板中的 Patterns 中，编辑面料图案，再进行填充。

5. 将线稿单建一图层填充所需颜色，放大做背景。

图 5-17　作者：康文玲

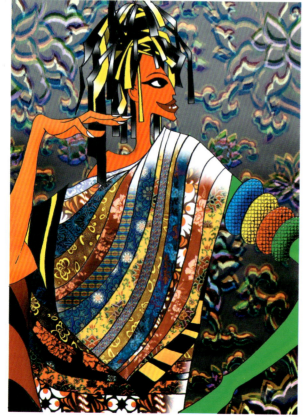

图 5-18　作者：陈海婷

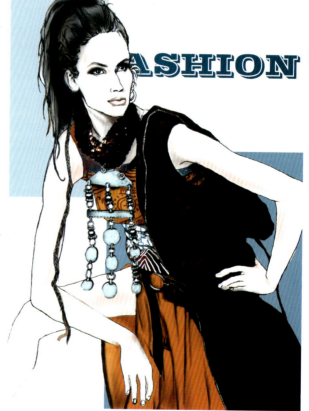

图 5-19　作者：陈晓雪

图5-20　作者：杨俊亮　该作品荣获全国时装画比赛银奖

图5-20的作品以黑白为主调，鲜艳的红为点缀。流畅的线条交织出优美的旋律。利用Photoshop滤镜的特效为背景，使画面充满了迷幻效果。

图 5-21 作者：宋芳芳

图 5-22 作者：高欣欣

图 5-23 作者：张璟

图 5-24 绘制步骤：

1. 先将手绘全封闭画稿扫描入电脑。

2. 在 Painter 环境下另建图层，将面部填入肤色，然后用喷枪绘制阴影部分。再用毛笔工具绘制五官及发型。然后在线条图层将不需要的线条擦掉。

3. 上衣的肌理是利用玻璃纹理的特效达到的。

4. 另建图层用画笔面板中的特效工具 F/X 画笔的 Furry Brush 工具绘制毛皮效果。

5. 复制图形将其变为灰色并放大做背景，在 Photoshop 滤镜中，用动感模糊达到迷离的效果。

图 5-24　作者：蒋莉

图 5-25 绘制步骤：

1. 先将手绘全封闭画稿扫描入电脑。

2. 在 Painter 环境下另建图层，用水彩画笔画头发及裤子。

3. 将上衣填充上图案，然后用画笔中的 Impasto 工具的 Acid Etch 画笔绘制上衣肌理。

4. 单建图层绘制毛皮效果。

在背景的左边用渐变填充色彩，在用画笔面板中的特效工具 F/X 的 Shattered 工具绘制背景中的玻璃纹理效果。背景的右边直接编辑图案填充。

图 5-25　作者：陈海婷

图 5-26　作者：居佳

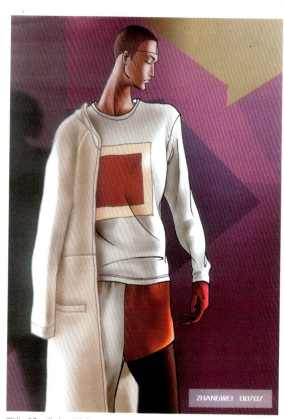

图 5-27　作者：张暐

图 5-28　作者：宋芳芳

图 5-29　作者：宋芳芳

图 5-30 作者：张益婧   图 5-31 作者：王龙刚

图 5-32 作者：孟晓

图 5-33 作者：李露文

图 5-34 作者：钟鸣

中國高等院校
THE CHINESE UNIVERSITY
21世纪高等教育美术专业教材
The Art Material for Higher Education of Twenty-first Century

CHAPTER

时 装 画 赏 析

第六章　时装画赏析

图6-1　作者：李莉

图6-1以线的疏密节奏变化来体现服装不同面料的肌理质感，具有很强的装饰意趣。线条造型准确，画面生动，具有很强的视觉冲击力。

图6-2　作者：康妮

图6-1作品在色卡纸上用水粉干练的笔触表现了绸缎的光泽，作者用薄薄的色彩轻松地描绘出纱的飘逸。再用水粉点缀上纱巾的图案。整张画面松弛有度，尤其是用水粉的厚笔触点缀的金属首饰，跃然纸上。

图6-3 作者：胡劢

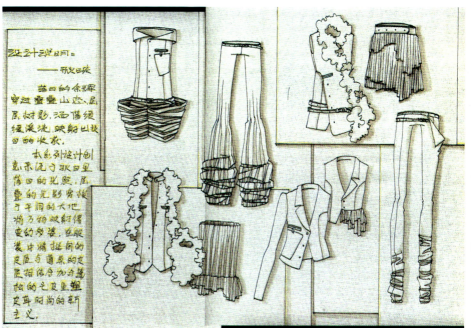

图6-4 作者：胡劢

图6-5 作者：王群山　　　　　　　图6-6 作者：高卓　　　　　　　图6-7 作者：赵莹

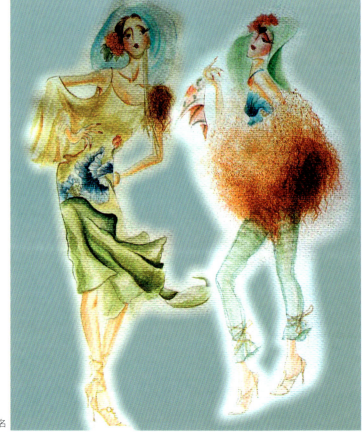

图6-8 作者：佚名　　　　　　　图6-9 作者：佚名

图6-10 作者：高阳

图6-11 作者：高阳

图6-12 作者：高阳

图6-10～图6-12的人物造型颇具风格，在中国文化的氛围中营造出神秘的色彩。画面刻画细腻准确，表达出深沉、浑厚的意蕴。

图6-13　作者：佚名

图6-13、图6-14
画面简洁,笔法跳跃极
富动感。色彩丰富细
腻,色调雅致浪漫。水
彩的写意笔法,生动的
画面构图,营造出"小
资"的情调。

图6-14　作者：佚名

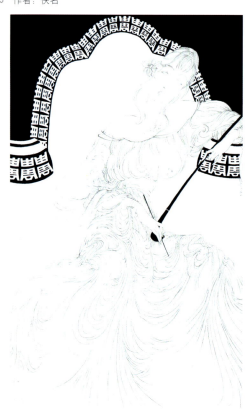

图6-15　作者：肖珂

图6-16　作者：佚名

图6-17 作者：佚名

图6-17的画面在色卡纸上利用水彩
罩色，再用彩铅描绘细节，画面清新亮
丽。重点刻画人物的神态，作品整体收放
自如，色彩、技法运用较为娴熟。

图6-18利用色卡纸剪贴装饰，人物
简洁概括，大小不同色彩的圆点将画面
点缀得生动有趣。

图6-18 作者：佚名

  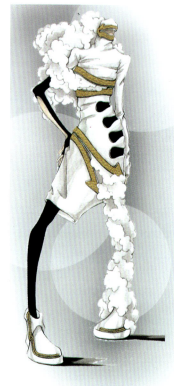

图6-19 作者：胡劢

图6-19 作品用淡彩丰富的层次将白色面料的立体肌理表达清晰，与纯黑针织紧身服装的平涂手法形成对比效果，服装的着色部位利用有凹凸肌理的色卡纸剪贴，形成特有的装饰效果。最后在电脑中衬托背景，使整张画面既和谐又充满了变化。

图6-20 作者：李自强 该作品荣获"浩沙杯泳装设计大赛"银奖

图6-21　作者：杨洁　该作品荣获"中华杯内衣／泳装设计大赛"金奖

图6-22作品利用薄厚相结合的表现
手法，服装面料及图案刻画细腻，人物动
态生动传神，借鉴动漫的表达语汇，充分
体现都市新新人类的时尚着装。

图6-22　作者：杜鹃

图6-23 在有肌理的色卡纸上用水溶性彩铅将暗部加深，亮部提白，人物面部神态把握极好，发型层次突出，再着以淡淡的色彩，使整张画面在简洁中体现细腻。

图6-23 作者：刘诗红

图6-24
作者：佚名

图6—25的画面构图围绕着鬼魅的造型加以刻画，在色卡纸上用简洁的色彩加深提亮，线条的穿插灵动流畅，人物的眼神与手的姿态表达准确传神。

图6—25
作者：胡劢

图 6-26　作者：高阳

图 6-27　作者：佚名

图6-28

图6-29 作者：刘薇

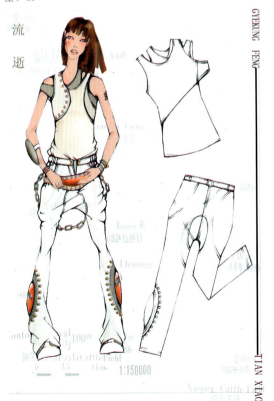

图6-30 作者：李露文

图6-31 作者：贾甜田

图6-32　作者：王羿

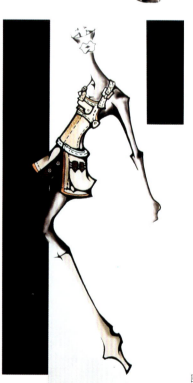

图6-33　作者：李致霖

图6-34　作者：王羿

参考书目：

《服装效果图技法》刘元风 吴 波 编著 湖北美术出版社 2001 年 12 月第一版

《时装画表现技法》庞 绮 著 江西美术出版社 2004 年 1 月第一版

《电脑时装设计》王 羿 黄宗文 编著 人民美术出版社 2001 年 10 月第一版

《美国时装画技法》Bill Thames 著 中国轻工业出版社 1998 年 7 月第一版

《服装设计》王 羿 王群山 曹建中 编写 黑龙江美术出版社 2004 年 10 月第一版